ARBEITSGEMEINSCHAFT FÜR FORSCHUNG
DES LANDES NORDRHEIN-WESTFALEN

ARBEITSGEMEINSCHAFT FÜR FORSCHUNG
DES LANDES NORDRHEIN-WESTFALEN

HEFT 76

Henri Cartan

Nicolas Bourbaki
und die heutige Mathematik

WESTDEUTSCHER VERLAG · KÖLN UND OPLADEN

ISBN 978-3-322-96136-5   ISBN 978-3-322-96270-6 (eBook)
DOI 10.1007/978-3-322-96270-6

© 1959 Westdeutscher Verlag, Köln und Opladen

Gesamtherstellung: Westdeutscher Verlag · Printed in Germany

Nicolas Bourbaki und die heutige Mathematik

Von Professor Dr. *Henri Cartan,* Paris

Nicolas Bourbaki ist der Verfasser eines umfangreichen, in französischer Sprache geschriebenen Lehrbuches der Mathematik. Wenngleich der erste Band bereits 1939 erschien, ist das Gesamtwerk noch keineswegs vollendet; bis zum gegenwärtigen Zeitpunkt sind 21 Bände mit insgesamt mehr als 3000 Seiten publiziert. *Bourbaki* hat auch in mehreren mathematischen Zeitschriften Arbeiten veröffentlicht; unter anderem im „Archiv der Mathematik". Außerdem ist er der Leiter eines Seminars (des sogenannten *Bourbaki*-Seminars) in Paris: dreimal im Jahr kommen im Institut *Henri Poincaré* namhafte Professoren und Forscher aus ganz Frankreich sowie dem benachbarten Ausland zu einer Konferenz über Mathematik zusammen. Bisher wurden in diesem Seminar etwa 150 Referate über die verschiedensten mathematischen Themen gehalten, die in hektographierter Form in den mathematischen Kreisen der Welt verbreitet sind.

In den letzten Jahren ist der Name *Bourbaki* einem immer größer werdenden Publikum bekannt geworden. Schon mancher mag sich gefragt haben: „Wer ist *Bourbaki?*" Aus seinen Werken gewinnt man den Eindruck, daß er nicht ein Mathematiker wie jeder andere sein kann. Noch ist es nicht leicht, richtige Auskünfte über ihn zu erhalten, denn nur sehr wenige Menschen sind ihm persönlich begegnet. Wenn Sie etwa solche Auskünfte in den Artikeln suchen, die die Tagespresse sowie einige periodische Zeitschriften *Bourbaki* gewidmet haben, so werden Sie äußerst erstaunt sein über die vielen einander widersprechenden Aussagen; und wenn Sie angesehene Mathematiker selbst fragen, so bekommen Sie so viele launige Geschichten zu hören, daß Sie nur noch verwirrter werden und sich schließlich ernsthaft fragen: „Existiert *Nicolas Bourbaki* wirklich?"

Um dieses Rätsel zu lösen, wollen wir nun einen vertrauenswürdigen Mann befragen, nämlich den ehemaligen Rektor der Gutenberg-Universität in Mainz, Herrn Professor Dr. Gottfried Köthe. In der Sammlung „Forscher und Wissenschaftler im heutigen Europa" studiert Herr Köthe das

Werk von *Bourbaki;* er schreibt: „Die biographischen Daten unseres Autors sind etwas verwickelt und geheimnisvoll"; aber nichts weiter ...

Glücklicherweise gab mir ein griechischer Freund die Möglichkeit, die Herkunft des Geschlechtes *Bourbaki* zu entdecken. Daher kann ich Ihnen heute die folgende kuriose Geschichte erzählen.

Die Sage will, daß im siebzehnten Jahrhundert die kretischen Patrioten gegen die eindringenden Türken unter dem Befehl zweier Brüder kämpften: *Emanuel* und *Nicolaus Skordylis*. Diese beiden kämpften so tapfer und heldenhaft, daß sie von den Türken „*Vourbachi*" genannt wurden. *Vourbachi* heißt „Schlägerführer". Emanuel und Nicolas nahmen mit Stolz diesen ruhmvollen Beinamen an, der sich dann auf ihre Nachkommen vererbte. Dabei wurde *Vourbachi* im Griechischen zu *Bourbaki* (β statt v, und χ statt ch). Ein Großenkel von Emanuel, namens *Sauter Bourbaki*, war mehr als ein Jahrhundert später ein bekannter Seefahrer auf dem Mittelmeer. Zu jener Zeit kämpfte der General Bonaparte in Ägypten. *Sauter Bourbaki* wurde von Jérôme Bonaparte, dem Bruder Napoléons, nach Ägypten gesandt mit der Botschaft, Napoléon möge auf schnellstem Wege nach Frankreich zurückkehren, da die Zeit für einen Staatsstreich günstig sei. Wie Sie wissen, gelang es Napoléon, die Macht an sich zu reißen; aber Sie wissen vielleicht nicht, daß Napoléon aus Dankbarkeit gegenüber *Sauter Bourbaki* für die Erziehung dreier Söhne desselben Sorge trug. Einer dieser drei Söhne, der französischer Offizier wurde, war der Vater eines bekannten Generals der französischen Armee, *Charles Bourbaki*, der während des deutsch-französischen Krieges 1870/1871 seine Armee über die schweizerische Grenze führte, damit sie nicht in deutsche Gefangenschaft geriete. General *Bourbaki* hatte eine Schwester, die einen Enkel von *Nicolas Vourbachi* heiratete. Aus dieser Verbindung der beiden Zweige der Familie *Bourbaki* entsproß, wie man erzählt, der Mathematiker *Nicolas Bourbaki*, heute Mitglied der königlichen Akademie von Poldawien.

Trotz dieses kompetenten Berichtes meines griechischen Freundes sind fast alle heute lebenden Mathematiker davon überzeugt, daß *Nicolas Bourbaki* nicht existiert; sie glauben vielmehr, daß *Bourbaki* lediglich der Deckname für eine Gruppe französischer Mathematiker ist. Solch eine Ansicht wagte Herr *Boas*, executive editor der Mathematical Reviews, vor einigen Jahren in einem Artikel der Encyclopaedia Britannica öffentlich zu vertreten. Kurz darauf wurden die Herausgeber der Encyclopaedia Britannica in arge Verlegenheit versetzt, als sie einen von *Nicolas Bourbaki* unterzeichneten geharnischten Brief erhielten, in dem *Bourbaki* erklärte, daß er sich das Recht seiner Existenz von niemanden streitig machen lasse. Um sich an *Boas* zu rächen, verbreitete *Bourbaki* seinerseits nun das Gerücht, der Mathematiker *Boas* existiere nicht, die Buchstaben B.O.A.S. seien vielmehr lediglich ein Deckname für eine Gruppe von Herausgebern der Mathematical Reviews.

Doch es ist nun an der Zeit, den Bereich der Phantasie zu verlassen. Verzichten wir also darauf, das Problem, ob *Nicolas Bourbaki* als Mensch existiert, zu lösen; und wenden wir uns der Betrachtung seiner Werke zu, welche ja sicher existieren. Da ich selbst an der Schaffung dieser Werke teilgenommen habe, ist es vielleicht etwas prekär für mich, darüber zu sprechen. Ich hoffe jedoch, daß Sie das entschuldigen werden und daß mein Urteil nicht allzu parteilich ausfallen wird.

Im Wintersemester 1934/35 faßte eine Gruppe von etwa zehn jungen französischen Mathematikern, die fast alle Schüler der Ecole Normale Supérieure in Paris gewesen waren, den Entschluß, gemeinsam ein Lehrbuch der Analysis zu schreiben. Dieses Lehrbuch sollte hauptsächlich die Studenten an den französischen Universitäten ansprechen. Das klassische französische Lehrbuch von *Goursat* entsprach nicht mehr den Bedürfnissen der neueren Mathematik; daher wollten unsere jungen Leute ein Werk schaffen, dem dieselbe Bedeutung wie ehemals dem *Goursat*schen Werk zukommen sollte und das überdies den Forderungen der Mathematik des 20. Jahrhunderts gerecht werden sollte. Einmal im Monat kamen sie aus ganz Frankreich in Paris zusammen, um über diesen Plan zu diskutieren. Bald wurde ihnen klar, daß sie sich unmöglich nur auf ein Lehrbuch der klassischen Analysis beschränken konnten. Zum Beispiel begann die Algebra, die besonders unter den von Deutschland ausgehenden Impulsen umgestaltet worden war (ich denke da in erster Linie an die große Mathematikerin *Emmy Noether* und ihre Schüler), bereits das Gesicht der gesamten Mathematik wesentlich zu verändern. So wurden sich unsere jungen Mathematiker allmählich mehr und mehr bewußt, wie umfangreich das beabsichtigte Unternehmen angelegt werden mußte.

Ein etwas anderer Gesichtspunkt war der folgende: In den letzten Jahrzehnten waren die verschiedenen Zweige der Mathematik so gewachsen, daß die Spezialisierung zu einer Notwendigkeit für fast alle Mathematiker geworden war. Nur eine Prominenz wie *David Hilbert* oder *Henri Poincaré* konnte die Mathematik noch als ein Ganzes beherrschen; für den Durchschnittsmathematiker war es zu schwierig geworden, seine Wissenschaft zu übersehen und alle inneren Beziehungen zwischen den verschiedenen Bereichen der Mathematik zu erfassen.

Um dieser fatalen Situation abzuhelfen, war vielleicht die Zeit gekommen, eine Gesamtdarstellung aller wesentlichen Gebiete der Mathematik zu geben, die nichts voraussetzte und die die gemeinsamen Grundlagen dieser Gebiete verständlich machte. Unsere jungen französischen Mathematiker entschlossen sich, diese Aufgabe zu übernehmen. Nur die Jugend konnte eine so kühne Entscheidung treffen. Jedoch war sie nicht so überheblich, als daß sie sich nicht der Schwierigkeiten bewußt war. Insbesondere hatte sie sehr wohl erkannt, daß ein solches Unternehmen außerhalb der Kräfte eines einzelnen Menschen stand. Es mußte notwendig eine gemeinsame Arbeit werden. Aber was für eine Methode sollte man für dieses kollektive Unternehmen wählen? Gewöhnlich geschieht die Abfassung einer gemeinsamen Arbeit nach der folgenden Regel: Jeder Mitarbeiter übernimmt gemäß seiner Fähigkeiten ein bestimmtes Gebiet und ist verpflichtet, diesen Teil der ganzen Abhandlung zu schreiben. Eine solche Regel würde aber im vorliegenden Falle genau das Gegenteil dessen bewirkt haben, was angestrebt werden mußte: sollte es sich doch in erster Linie darum handeln, die fundamentalen Begriffe aus allen Zweigen der Mathematik herauszupräparieren, erst später wollte man sich dann mit den speziellen Disziplinen selbst beschäftigen. So war es nötig, daß ein jeder zunächst sein Spezialgebiet vergessen mußte; er war gezwungen, alles wieder von neuem zu lernen. Es sollten alle Fragen gemeinsam diskutiert werden, die endgültige Fassung konnte demgemäß nur aus einer Folge solcher Diskussionen entstehen. Jeder einzelne sollte Vorschläge machen, die dann mit denen der übrigen verglichen und besprochen werden sollten. So würde es schließlich unmöglich sein zu erkennen, welchen Teil des Ganzen der einzelne gemacht hatte; das Werk würde wirklich ein gemeinsames Werk sein.

Doch nun entstand bereits eine praktische Frage. Ein Buch muß notwendig unter einem Namen publiziert werden. Sollte man eine lange Liste der Verfasser auf der ersten Seite eines jeden Bandes drucken? Das wäre unbequem gewesen. Daher wurde beschlossen, für die Publikation ein Pseudonym zu wählen. Warum wurde nun gerade der Name *Nicolas Bourbaki* gewählt? Niemand von uns kann auf diese Frage eine vollkommene und richtige Antwort geben: die Wahl eines Namens war eben die erste Äußerung einer „gemeinsamen Persönlichkeit".

Von Anfang an war *Bourbaki* ein überzeugter Anhänger der sogenannten axiomatischen Methode. Er ist deswegen gelegentlich kritisiert worden.

Doch für sein Ziel war sie eine Notwendigkeit. Sie wissen, was die axiomatische Methode ist. Sie ist im Prinzip eine sehr alte Sache, da bereits *Euklid* ein Beispiel dafür lieferte. Aber in moderner Gestalt wurde die axiomatische Methode erst gegen Ende des neunzehnten Jahrhunderts bekannt, als *David Hilbert* sein berühmtes Buch „Grundlagen der Geometrie" veröffentlichte. Später wurde die axiomatische Methode mit Erfolg von der deutschen Schule in der modernen Algebra angewandt, und heute hat sie die gesamte Mathematik durchdrungen.

Was ist nun die axiomatische Methode? Um sie zu erklären, orientieren wir uns an einem sehr elementaren Beispiel. Wenn ein junger Schüler einfache Aufgaben behandelt, in denen als Maßeinheiten Kilogramm, Meter, Liter etc. vorkommen, so sind die Schlußweisen in vielen Fällen ähnlich. Der Grund dafür ist einfach: man kann algebraische Formeln schreiben, die ohne Unterschied für die Maßeinheiten Kilogramm, Meter usw. gültig sind; mit anderen Worten, verschiedene Probleme erweisen sich als Spezialfälle eines und desselben Problems der Algebra, und die Lösung dieses einen Problems gibt eine Antwort für alle Spezialfälle.

Dieses äußerst elementare Beispiel ist typisch für die Anwendung der axiomatischen Methode. Was geschieht nämlich in der höheren Mathematik? Zunächst denkt ein Mathematiker, der einen Beweis durchzuführen versucht, an wohlbestimmte mathematische Objekte, die er gerade in diesem Moment studiert. Wenn er nun glaubt, einen Beweis gefunden zu haben, und alsdann alle Schlußfolgerungen noch einmal sorgfältig prüft, so bemerkt er, daß in seinem Beweise nur sehr wenige der speziellen Eigenschaften der vorgelegten Objekte wirklich eine Rolle gespielt haben. Es ist also möglich, denselben Beweis auch für andere Objekte durchzuführen, die nur jene Eigenschaften besitzen, die man benutzt hat. Darin liegt die so einfache Idee der axiomatischen Methode: anstatt zu erklären, welche Objekte betrachtet werden sollen, hat man nur die Eigenschaften der Objekte aufzuzählen, die benutzt werden sollen. Diese Eigenschaften werden als Axiome an die Spitze gestellt. Alsdann ist es nicht mehr nötig zu erklären, was die Objekte *sind*, die studiert werden sollen; man kann vielmehr den Beweis so führen, daß er für jedes Objekt gültig ist, welches den Axiomen genügt. Es ist nun ganz merkwürdig, daß die systematische Anwendung dieser so einfachen Idee die klassische Anordnung der gesamten Mathematik völlig erschüttert hat.

Natürlich ist die Wahl eines Axiomensystems nicht völlig willkürlich: die auf verschiedenen Axiomensystemen aufgebauten Theorien sind verschieden interessant. Es gibt keine allgemeine Regel in der Mathematik, um zu entscheiden, was interessant ist. Nur eine tiefe Kenntnis der schon vorhandenen Theorien, eine feine Kritik der Probleme oder eine plötzliche unerwartete Intuition macht es dem Forscher möglich, ein zweckmäßiges Axiomensystem zu wählen. Ein solches System wird zweckmäßig sein, wenn es bei verschiedenen Gelegenheiten benutzt werden kann. So kommt man zu der Frage: Welche Begriffe muß man als wichtig und fundamental betrachten? Die Geschichte der Mathematik lehrt uns, daß die Einsicht darüber erst allmählich wachsen kann, und zwar auf Grund der Erfahrungen, die die Forscher machen. Z. B. war ein halbes Jahrhundert erforderlich, um den Begriff des topologischen Raumes so zu prägen, wie man ihn heute benutzt. Dieser uns allen vertraute Begriff ist auf den Werken von *Riemann, Cantor, Fréchet, Frédéric Riesz* und *Hausdorff* entstanden.

Bourbaki hat mehrmals die Gelegenheit benutzt, um neue grundlegende Begriffe in die Mathematik einzuführen: In der allgemeinen Topologie gehören dazu die Begriffe des Filters und der uniformen Struktur. Oder aus neuester Zeit, bei der Klassifizierung der topologischen Vektorräume, die „tonnelierten" Räume, die quasi-vollständigen Räume, die Räume von Montel usw.

Die axiomatische Methode besitzt gegenwärtig noch Gegner. Gewiß, wenn man z. B. einem jungen Kinde die einfachen Rechengesetze der Arithmetik lehren will, so ist es nötig, zunächst an konkreten Beispielen sein Interesse zu wecken und es anzuregen, darüber frei zu denken. Ebenso ist es natürlich beim Studium der höheren Mathematik notwendig, sich zunächst durch konkrete Fälle eine gewisse Art von Vertrautheit mit den Dingen anzueignen, bevor man zur allgemeinen und abstrakten Betrachtung übergeht. Wenn es sich jedoch darum handelt, eine umfassende Darstellung der Mathematik zu geben und die Beziehungen zwischen ihren verschiedenen Gebieten sichtbar zu machen, so wird man dazu in jedem Fall die axiomatische Methode verwenden, allein schon aus dem einfachen Grund, nicht denselben Beweis zehnmal wiederholen zu müssen.

Die konsequente Benutzung der axiomatischen Methode mußte *Bourbaki* notwendig dazu führen, eine völlig neue Anordnung in den verschiedenen Gebieten der Mathematik zu schaffen. Es war unmöglich, die herkömmliche klassische Unterteilung zu wahren: Analysis, Differentialrechnung, Geometrie, Algebra, Zahlentheorie usw. An ihre Stelle trat der Begriff der *Struktur*, der den Begriff des Isomorphismus zu definieren gestattet und dadurch die Klassifizierung der fundamentalen Disziplinen der Mathematik ermöglicht. Es ist sehr mühselig, den Begriff der Struktur allgemein zu erklären;

er sei daher lediglich an Beispielen erläutert. Zunächst gibt es *algebraische Strukturen,* die durch Zusammensetzungsvorschriften definiert sind (zum Beispiel ist die Addition der Zahlen eine Vorschrift, vermöge der zwei Zahlen eine dritte Zahl zugeordnet wird; dasselbe gilt für die Addition von Vektoren und auch für die Multiplikation der Zahlen sowie für die Komposition zweier Drehungen in der Geometrie usw.). Wie man sogleich bemerkt, ist eine Zusammensetzungsvorschrift nichts anderes als eine Funktion von zwei oder mehr Argumenten. Spezielle algebraische Strukturen sind die *Ordnungsstrukturen;* zum Beispiel ist die Menge der reellen Zahlen geordnet: von zwei vorgegebenen verschiedenen reellen Zahlen ist die eine stets größer als die andere; eine weitere Ordnungsstruktur für die Menge der ganzen Zahlen gewinnt man, wenn man eine ganze Zahl a genau dann „größer" als eine ganze Zahl b nennt, wenn b durch a teilbar ist (diese letzte Struktur ist aber nicht so beschaffen, daß von zwei vorgegebenen ganzen Zahlen stets die eine größer als die andere ist!). Weiter kennt man *topologische Strukturen:* in einer Menge ist eine Topologie definiert, wenn in dieser Menge in geeigneter Weise ein Umgebungsbegriff oder Limesbegriff eingeführt ist, der gewisse Bedingungen, auch Axiome genannt, erfüllt. Ist z. B. in einer Menge E eine *Distanz* definiert (d. h. ist eine Funktion erklärt, die jedem Punktepaar (A, B) eine nicht negative reelle Zahl $d(A, B) = d(B, A)$ zuordnet, so daß für drei beliebige Punkte A, B, C aus E stets gilt: $d(A, C) \leq d(A, B) + d(B, C)$), so definiert diese Distanz eine Topologie in E: eine Teilmenge F von E heißt „Umgebung" eines Punktes A von E, wenn eine positive reelle Zahl ε existiert, so daß genau alle Punkte M von E mit $d(A, M) < \varepsilon$ zu F gehören. Eine Folge von Punkten $M_1, M_2, \ldots, M_n, \ldots$ von E konvergiert gegen A, wenn für jedes $\varepsilon > 0$ alle Punkte M_n mit genügend großem Index n der Bedingung $d(A, M_n) < \varepsilon$ genügen.

Ausgehend von diesen „einfachen" Strukturen gelangt man zu Gebieten der Mathematik, in denen *mehrere* solche Strukturen gekoppelt auftreten. Es zeigt sich, daß dies die wichtigsten Gebiete sind. Um sie gut beherrschen zu lernen, ist es natürlich vorteilhaft, die einzelnen fundamentalen Strukturen gut zu kennen. Ein elementares Beispiel für die Situation, daß mehrere Strukturen simultan auftreten, wird durch die reellen Zahlen gegeben. In der Menge der reellen Zahlen gibt es nämlich drei Arten von Strukturen: eine algebraische Struktur, die durch die Rechenoperationen (Addition und Multiplikation) definiert ist; eine Ordnungsstruktur, da man Ungleichungen zwischen reellen Zahlen betrachten kann; und schließlich eine topologische Struktur, da ein Limesbegriff erklärt ist. Diese drei

Strukturen sind miteinander verknüpft: so kann man etwa die Topologie vermöge der Ordnung definieren; weiter bestehen zwischen der Ordnung und den Rechenoperationen Relationen (zwei Ungleichungen dürfen gliedweise addiert werden, etc.). Andere Beispiele für solche Situationen, wo mehrere Strukturen gekoppelt sind, sind die folgenden: topologische Gruppen, differenzierbare Mannigfaltigkeiten, analytische Faserräume, diskontinuierliche Gruppen von Transformationen usw.

Worin bestehen nun die Vorteile einer strukturtheoretischen Klassifizierung der Mathematik? Folgendes ist evident: Haben Sie zum Beispiel einmal die fundamentalen Sätze der Theorie der topologischen Räume aufgestellt, so können Sie diese Sätze für alle speziellen topologischen Räume stets anwenden. So ist z. B. ein allgemeiner rein topologischer Satz von *Baire*, der sich auf vollständige metrische Räume bezieht, auf viele spezielle Fragen der höheren Analysis, insbesondere der Theorie der analytischen Funktionen, anwendbar.

Kehren wir nun zurück in das Jahr 1935. Damals entschloß sich *Bourbaki*, eine vollkommen axiomatische Darstellung der gesamten Mathematik zu geben; als erstes wollte er, wie er es nannte, „die fundamentalen Strukturen der Analysis" studieren. Daß ein solcher Aufbau der Mathematik „ex nihilo" möglich sein mußte, davon waren mehrere, wenn auch vielleicht nicht alle Mathematiker überzeugt; jedoch konnte diese Überzeugung nicht auf Erfahrung beruhen, da ein solcher Versuch niemals unternommen worden war. Vielleicht liegt die Eigentümlichkeit von *Bourbaki* darin, als erster diesen Versuch unternommen zu haben. Er hat selbst gelegentlich eines Vortrages vor der amerikanischen „Association for Symbolic Logic" im Jahre 1948 gesagt: „Ich gebe mich nicht zufrieden mit der Bestätigung, daß ein solches Unternehmen möglich ist, ich habe vielmehr bereits begonnen, dies zu beweisen, analog wie Diogenes die Existenz der Bewegung dadurch bewies, daß er schritt; mein Beweis wird mit der Zeit immer vollständiger werden, je nach dem Stand der Publikation meines Buches".

Für dieses große Lehrbuch hat *Bourbaki* als Titel gewählt: „Elemente der Mathematik". Auf den ersten Blick scheint dieser Titel bescheiden zu sein, doch in Wirklichkeit ist er sehr ehrgeizig, denn er erinnert an die „Elemente" von Euklid.

Wir wollen uns nun klarzumachen suchen, um wieviel *Bourbaki* nach zwanzig Jahren seinem Ziel näher gekommen ist. Der Gesamtplan des Werkes bleibt nach wie vor unbekannt, denn die 21 schon veröffentlichten Bände gehören sämtlich zum ersten Teil, nämlich den „Fundamentalen

Strukturen der Analysis". Dieser erste Teil ist in mehrere sogenannte „Bücher" unterteilt:

    Buch   I: Mengenlehre,
    Buch II: Algebra,
    Buch III: Allgemeine Topologie,
    Buch IV: Funktionen einer reellen Veränderlichen,
    Buch V: Topologische Vektorräume,
    Buch VI: Integration.

Die Anordnung der weiteren Bücher ist noch ungewiß. Jedes sogenannte Buch enthält mehrere Kapitel mit zahlreichen Übungsaufgaben. Die Übungsaufgaben sind zum Teil Originalabhandlungen der verschiedensten Mathematiker entnommen; doch werden in der Regel (zumindest in den Übungen!) niemals die Autoren zitiert; kürzlich habe ich gelesen, daß es eine große Ehre für einen Mathematiker sei, wenn er in dieser Weise von *Bourbaki* beraubt wird.

Als eine logische Folge des Systems konnten die reellen Zahlen nicht an den Anfang des Lehrbuches gestellt werden, sie erscheinen vielmehr als viertes Kapitel des dritten Buches; in der Tat benötigt man in der Theorie der reellen Zahlen ja auch bereits drei Arten von Strukturen gleichzeitig. *Bourbaki* will stets von den allgemeinen Fragen zu den spezielleren schreiten. Aus diesem Grunde erscheint bei ihm die Konstruktion der reellen Zahlen aus den rationalen Zahlen als ein Spezialfall einer allgemeineren Konstruktion, nämlich der Komplettierung einer topologischen Gruppe (Kapitel III in Buch III); und dieser Komplettierungsprozeß wird auf die Theorie der Komplettierung eines „uniformen" Raumes zurückgeführt (Kap. II in Buch III).

Alle Bücher des ersten Teiles sind nach streng logischen Gesichtspunkten angeordnet. Ein Begriff und ein Resultat dürfen nur dann benutzt werden, wenn sie in einem früheren Buch oder Kapitel vorkommen. Nun ist leicht einzusehen, daß eine solche Strenge teuer bezahlt werden muß: sie zieht notwendig eine gewisse Schwerfälligkeit der Darstellung nach sich; und dieser schwerfällige Mechanismus wirkt auf den Leser zunächst etwas abstoßend. Der Stil regt die Einbildungskraft des Lesers nicht gerade an. Der mathematische Text besteht aus einer Folge von Theoremen, Sätzen, Lemmata usw.; der strenge und bestimmte Stil steht in scharfem Kontrast zu dem leichten und unklaren Stil der französischen Tradition am Ende des letzten Jahrhunderts. Doch auf der anderen Seite besitzt dieser strenge Stil gewisse Vorteile: die Hauptresultate sind klar und präzise formuliert. Es ist nicht mehr nötig, einen längeren Text durchzulesen, um die exakte Bedeutung einer vage formulierten Behauptung festzustellen. Heute ist es bereits klar ersichtlich, daß dieser präzise Stil mehr und mehr in die mathematische Literatur eindringt.

Aus praktischen Gründen war es unmöglich, die chronologische Anordnung der Publikationen der logischen Anordnung anzupassen. So ist zum Beispiel das erste Kapitel des ersten Buches, das eine vollständige Darstellung der formalen Mathematik gibt, erst als siebzehnter Band der Sammlung erschienen, da der Verfasser sich unbedingt einen klaren Überblick über die Bedürfnisse der weiteren Bände verschaffen mußte. Um den sich hieraus ergebenden Schwierigkeiten in etwa aus dem Wege zu gehen, hatte *Bourbaki* aber schon 1939 ein „Fascicule de résultats" für das erste Buch herausgegeben, in dem alle Bezeichnungen und Regeln der Mengenlehre festgelegt wurden, die in den nachfolgenden Bänden benutzt werden sollten. Wenn nun heute die weiteren Bände nach und nach erscheinen, so nehmen sie ihren logischen Platz im Ganzen ein.

Die „Notes historiques" und die „Fascicules de résultats" sind besonders zu erwähnen. Am Schluß der Kapitel befindet sich häufig ein historischer Bericht; manchmal ist er sehr knapp, manchmal sehr ausführlich gehalten. In jedem Fall betrifft er die Gesamtheit der Fragen, die soeben behandelt wurden. Im eigentlichen Text des Werkes gibt es niemals historische Hinweise. Denn *Bourbaki* duldet nicht die geringste Abweichung vom logischen Aufbau. Doch sind die Beziehungen zwischen dem Text von *Bourbaki* und der schon vorhandenen Mathematik in dem historischen Anhang erklärt, und diese Erklärungen greifen häufig weit in die Vergangenheit zurück. Der Stil der „Notes historiques" unterscheidet sich von dem strengen kanonischen Stil *Bourbakis* häufig recht erheblich; vielleicht werden sich einmal die Historiker künftiger Zeiten den Kopf darüber zerbrechen, wie dieser Stilunterschied zustande gekommen sein mag.

Es ergab sich noch eine weitere Schwierigkeit: die Frage der Terminologie. Sie wissen, daß neue Theorien, neue Begriffe notwendig zu neuen Terminologien und Bezeichnungen Anlaß geben. Wenn man überhaupt keine Sprache spricht, so kann man keine Begriffe erklären, und überdies gibt es keinen Gedanken ohne Rede. In der Mathematik haben wir eine sehr reiche Sprache und viele Bezeichnungen. Zu Beginn dieses Jahrhunderts war durch die stürmische Entwicklung der Mathematik in den verschiedenen Disziplinen und durch das unabhängige Einwirken der einzelnen Autoren ein Zustand schrecklicher Verworrenheit in der Terminologie entstanden. Es gab verschiedene Namen für denselben Begriff und verschiedene Begriffe mit demselben Namen. *Bourbaki* hielt es für nötig, auch die Terminologie abzuändern und zu vereinfachen, um die Mathematik als ein Ganzes darstellen zu können. Er ließ sich dabei durch ein Wort eines schwedischen Chemikers aus dem XVIII. Jahrhundert namens *Bergman* aus Uppsala leiten; *Lavoisier* zitiert ihn folgendermaßen: «Ne faites grâce à aucune dénomination impropre; ceux qui savent déjà entendront toujours; ceux qui ne savent pas encore entendront plus tôt». So hat *Bourbaki* viele Begriffe scharf geschieden, die früher immer durcheinander gebracht wurden; z. B. „boule" und „sphère" („Kugel" und „Kugeloberfläche"). Für die Begriffe „Überdeckung" und „Überlagerung" kannte man im Französischen nur das Wort „recouvrement"; *Bourbaki* spricht von „recouvrement" und „revêtement". Als drittes Beispiel sei auf den Begriff „kompakt" hingewiesen, der bei *Fréchet* sowie in dem Standardwerk von *Alexandroff-Hopf* in einem anderen Sinne als bei *Bourbaki* gebraucht wird; „bikompakt" bei *Alexandroff* heißt bei *Bourbaki* „kompakt". Das ist sehr lange erwogen worden, und hat sich heute in der Literatur außerhalb Rußlands durchgesetzt.

Vielleicht möchten Sie jetzt wissen, wie *Bourbaki* praktisch arbeitet. Dreimal im Jahre kommen die Mitglieder zu den sogenannten *Bourbaki*-Kongressen zusammen, die 8 bis 12 Teilnehmer an einem kleinen und ruhigen Ort, fern von den Städten, vereinen. Zwei dieser Kongresse dauern eine Woche; der dritte findet in den Sommerferien statt und dauert 14 Tage. Im Durchschnitt arbeitet man 7 bis 8 Stunden am Tag; die übrige Zeit ist dem Spaziergang und den Mahlzeiten gewidmet. Auf diesen Kongressen werden die Pläne für die weiteren Bände diskutiert und auch bereits konkrete Entwürfe gemacht, die allerdings einen sehr vorläufigen Charakter haben. Zu jedem Gegenstand wird von einem dazu bestimmten Mitglied ein schriftlicher Bericht angefertigt (zum Beispiel: Bericht über quadratische Formen, über *Lie*sche Gruppen usw.). Dieser Bericht wird später vervielfältigt und jedem Mitglied zugestellt. Auf dem nächsten Kongreß wird der Bericht dann diskutiert: jemand liest den Text laut vor, und jeder darf Bemerkungen machen, Fragen stellen usw. Es kommt bisweilen vor, daß alle Teilnehmer zugleich reden. Nach der Diskussion wird gemeinsam eine neue ausführliche Gliederung entworfen; die einzelnen Kapitel derselben werden wieder, aber dieses Mal durch ein anderes Mitglied, ausgearbeitet. Dann werden diese Kapitel vervielfältigt und in einem weiteren Kongreß vorgelesen und diskutiert; und dann werden wieder andere Mitglieder mit der Ausarbeitung der Kapitel beauftragt usw. Es kann vorkommen, daß nach mehreren Entwürfen und Abänderungen das ganze Kapitel aufgegeben wird; in diesem Falle wird nichts davon publiziert, es existiert nur in den Archiven von *Bourbaki*. Vielleicht wird man einige Jahre später eine gänzlich neue Darstellung dieses Kapitels geben. Zu jeder Zeit hat jedes Mitglied die Möglichkeit, einen völlig anderen Entwurf zu präsentieren. Diese Arbeitsmethode bringt es mit sich, daß jedes Kapitel des Lehrbuches fünf-, sechs- oder achtmal geschrieben, diskutiert und abgeändert wird; Sie können sich vorstellen, daß das viel Zeit erfordert.

Die Diskussionen auf den Kongressen sind immer sehr lebhaft und hitzig. Entschlüsse werden nie nach dem Mehrheitsprinzip gefaßt, es gibt überhaupt keine Auszählung der Stimmen! Jede Entscheidung bedarf der allgemeinen Zustimmung, die keineswegs immer leicht zu erlangen ist. Überdies kann jede Entscheidung zu einem späteren Zeitpunkt annulliert oder abgeändert werden. So können Sie ohne weiteres verstehen, daß die verschiedenen Meinungen heftig aufeinanderprallen; um so mehr, als sehr ausgeprägte Persönlichkeiten in diesem Kreis stehen. Es genügt wohl, als Beispiele die Namen *André Weil, Claude Chevalley* und *Jean Dieudonné* zu nennen. Trotzdem lehrt die Erfahrung, daß es möglich ist, Endresultate zu erzielen. Dieselben mögen vielleicht nicht die besten sein, doch sie sind vorhanden; darin liegt eine Art von Wunder, die sich niemand von uns erklären kann.

Eine solche Arbeit erfordert selbstverständlich eine besondere Atmosphäre: Gemeinschaftssinn und Freundschaft, völlige Offenherzigkeit und gute Laune; ein jeder muß seine Eigenliebe zurückstellen. Es ist eine harte Schule für uns alle.

Kehren wir nun zu den Texten der Kapitel zurück. Wenn sie n-mal geschrieben und diskutiert worden sind, gehen sie in die Druckerei. Dieser Text ist das Resultat aller persönlichen Ideen, doch ist es unmöglich geworden, in der endgültigen Fassung noch die Spur eines einzelnen Mitgliedes zu entdecken. Der Text ist wirklich von *Nicolas Bourbaki* geschrieben, der Stil ist der kanonische Stil von *Bourbaki,* und niemand kann mehr die Feder von X oder Y erkennen.

Von welchem Nutzen sind nun so große Anstrengungen? Gewiß, jedes Mitglied hat die Möglichkeit, seine eigene Bildung zu erweitern und zu vervollständigen. Ohne Zweifel wird jeder dazu angehalten, sich für Probleme aller Art aus den verschiedensten Gebieten der Mathematik zu interessieren; und sicherlich kann ein jeder sehr viel von den anderen lernen. Doch wir hoffen, daß es darüber hinaus noch etwas gibt, denn *Bourbaki* möchte nicht nur ein eigennütziges Unternehmen sein. Er will vielmehr auch anderen Mathematikern helfen und das weitere Fortschreiten der Mathematik erleichtern. Hier ist nun der Ort, die folgende Frage zu stellen: Von welcher Art wird der Einfluß des Werkes von *Bourbaki* in der Gegenwart und der Zukunft sein? Sicher sind die *Bourbaki*-Bände nicht solche Bücher, die man ohne weiteres in die Hände eines jungen Studenten legen kann. Doch ein fortgeschrittener Student, der bereits die wichtigsten klassischen Disziplinen kennt und weiter fortschreiten möchte, könnte sich durch das Studium von *Bourbaki* eine starke und dauerhafte Grundausbildung verschaffen. Die Art *Bourbakis*, vom Allgemeinen zum Speziellen zu schreiten, ist sicher für einen Anfänger, der noch nicht hinreichend viele konkrete Probleme kennt, ein wenig gefährlich, könnte er doch in den Glauben verfallen, das Allgemeine selbst sei ein Ziel. Das ist aber nicht die Meinung von *Bourbaki*; für ihn hat eine allgemeine Fassung nur dann eine Existenzberechtigung, wenn sie für mehrere spezielle Probleme anwendbar ist und wenn sie wirklich Zeit und Denken ersparen hilft; eine solche Ersparnis ist heute zu einer Notwendigkeit geworden. Wenn die Mitglieder von *Bourbaki* es für ihre Pflicht hielten, alles von neuem zu bearbeiten, so taten sie dies in der Hoffnung, damit ein Instrument in die Hände der Mathematiker der Zukunft zu legen, das ihnen die Arbeit leichter machen sollte und ihnen erlauben würde, weiter fortzuschreiten. Was diesen letzten Punkt betrifft, so glaube ich, daß das Ziel schon erreicht ist: wie oft habe ich nämlich bemerkt, daß Begriffe, die wir so mühsam herausgearbeitet haben, jetzt von den Jüngern (die diese Begriffe aus den Büchern von *Bourbaki* gelernt haben) so leicht und kunstvoll gebraucht werden.

Mit der Zeit und mit der jüngeren Generation dringen die neuen Ideen (von denen *Bourbaki* gewiß nicht behauptet, daß er der einzige ist, der sie vertritt) in immer größere und größere Kreise ein. Die neue Art und Weise, die Grundlagen der Mathematik zu verstehen, ist dazu bestimmt, in der näheren oder ferneren Zukunft auch den Unterricht an den Universitäten und sogar den Gymnasien zu beeinflussen. Gewiß, die Wahrheiten der Mathematik sind ewig. Aber es wäre dennoch gefährlich, wollte man den Unterricht, selbst den Elementarunterricht, erstarren lassen: bestimmte Begriffe, die heute allgemein als fundamental anerkannt werden, verdienen es, bereits dem jungen Menschen nahegebracht zu werden, allerdings unter dauernder Bezugnahme auf konkrete Beispiele. Heutzutage ist der elementare mathematische Unterricht, vor allem in der Geometrie, noch in einem erstaunlichen Umfange durch die griechische Gedankenwelt beeinflußt. In dem Maße, in dem diese Gedankenwelt heute überholt ist, sollte man auch im Unterricht die neuen Ideen mehr und mehr einführen. Sicherlich wäre es töricht, wollte man alles auf einmal umstürzen. Gerade in Deutschland und in Frankreich gibt es für den Unterricht große Traditionen, die es teilweise zu respektieren gilt. Aber eine gewisse Evolution ist dringend nötig geworden; und ich habe heute den Eindruck, daß in unseren beiden Ländern sich diese Evolution bereits ankündigt. Vielleicht wird *Bourbaki* indirekt und sehr bescheiden zu dieser Evolution beitragen.

Seit mehr als 20 Jahren arbeitet *Bourbaki*. So könnten Sie annehmen, daß er inzwischen recht alt geworden ist, und daß die Dynamik seiner Mitglieder allmählich ihre Kraft verloren hat. Doch das ist falsch! *Bourbaki* bleibt ewig lebendig und ewig jung: wie die Menschheit erneuert er sich beständig. Die „Gründer" (die sogenannten „membres fondateurs"), von denen Sie einen Repräsentanten hier vor sich sehen, sind allmählich abgetreten, jüngere traten an ihre Stelle. Diese neuen Mitglieder haben aus sich selbst heraus zu *Bourbaki* gefunden; eines Tages wurden sie der Mannschaft angegliedert, und heute sind einige von ihnen die vornehmsten Führer der Gruppe.

Trotz allem kann nicht verborgen bleiben, daß *Bourbaki* gegenwärtig mit neuen Schwierigkeiten zu kämpfen hat: nach 20 Jahren hat sich die Mathematik sehr stark verändert (wofür vielleicht *Bourbaki* selbst teilweise verantwortlich ist). So sind heute vielleicht diejenigen Begriffe, die das Fundament des *Bourbaki*schen Lehrbuches bilden, ein wenig überholt. Wenn *Bourbaki* den ersten Teil „Fundamentale Strukturen der Analysis" abgeschlossen haben wird, so wird er sich vielleicht verpflichtet fühlen, alles wieder von neuem zu beginnen. Doch *Bourbaki* will sich nicht nur auf die Grundlagen der Mathematik beschränken. Was sind heute seine Pläne? Das darf ich Ihnen nicht enthüllen! Eines ist sicher: wenn die Ziele sich ändern, so müssen auch die Methoden geändert werden. Das endgültige Ergebnis bleibt das Geheimnis der Zukunft. Darüber kann vielleicht in weiteren 20 Jahren gesprochen werden.

Diskussion

Professor Dr. rer. nat. Heinrich Behnke

Herr Staatssekretär! Meine Damen und Herren! Gestatten Sie mir, noch einige ergänzende Bemerkungen zu dem schönen Vortrag des Herrn Kollegen Cartan zu machen! Ich möchte zu zwei Fragen sprechen, die sich dem in die heutige Entwicklung der Mathematik nicht eingeweihten Zuhörer sicherlich aufdrängen. 1. Wie weit beeinflußt das Werk Bourbakis heute schon das mathematische Leben in Deutschland? 2. Was sind die spezifischen Schwierigkeiten, die sich der axiomatischen Methode, der sich Bourbaki bedient, entgegenstellen? Davon möchte ich sogar zunächst sprechen. Der Vortragende hat erwähnt, daß es unter den Fachleuten Gegner der Methode Bourbakis gäbe. Was führen nun diese Gegner als Gründe für ihre Haltung an? Darauf gab es im Vortrag schon Hinweise. 1. Prof. Cartan erwähnte, daß die reellen Zahlen nicht an den Anfang des Werkes gestellt werden könnten, weil in ihnen 3 Arten von Strukturen gleichzeitig auftreten. Die reellen Zahlen erscheinen erst als 4. Kapitel des 3. Bandes, die Funktionen einer reellen Veränderlichen erst im 4. Band. Die Infinitesimalrechnung kommt bei Bourbaki also ungewöhnlich spät. Die Axiomatik der euklidischen Geometrie und die logische Begründung der analytischen Geometrie findet man im Werk bisher überhaupt noch nicht dargestellt. Dies sind aber die Gebiete, die ein Student zuerst kennenlernen muß. Dadurch gewinnt er nicht nur das von Cartan verlangte Beispielmaterial, sondern gewinnt auch die ersten Voraussetzungen, um Physik verstehen zu können. Die Physiker würden sich schön beschweren, wenn die Studenten erst auf dem Bourbakischen Weg – also nach Jahren des Studiums – diese Grundlagen kennenlernen würden.

So kann Bourbaki kein Lehrbuch für Anfänger sein. Das finden Sie auch im Werk deutlich ausgesprochen, und der Redner hat es auch betont. Die Meinungsverschiedenheit in Fachkreisen spitzt sich aber auf die Frage zu:

In welchem Ausbildungsstadium soll ein Mathematiker beginnen, sich der Darstellung Bourbakis zu bedienen? Und da gibt es die verschiedensten Meinungen, ausgehend von der Antwort: „Ab 3tes Semester" bis zur Antwort: „Niemals, weil es den Sinn für die klassische Mathematik verdirbt und die große bisherige Einteilung unserer Wissenschaft durcheinanderwirft."

Nun darf ich noch auf eine zweite Schwierigkeit der Bourbakischen Methode hinweisen, die ganz allgemein die Schwierigkeit aller Bemühungen ist, alles rein axiomatisch aufzubauen.

Bourbaki – so referiert unser Vortragender – hat seine Bände nicht in der Reihenfolge numeriert, in der sie herausgekommen sind. Das 1. Kapitel des 1. Bandes ist erst als 17. Band erschienen. In der Idee soll also ein Bourbaki-Leser die Hefte in einer anderen Reihenfolge lesen, als sie geschrieben sind. Und dies Erscheinen des ersten Bandes als 17. in der Reihe der Veröffentlichungen ist nicht auf technische Schwierigkeiten zurückzuführen. Bourbaki war selbst nicht imstande, diesen ersten Band vor den anderen Bänden zu schreiben. Er wollte erst an den anderen Bänden erkennen, was er aus der formalen Mathematik – aus der Logistik würden wir vielfach sagen – im ersten Band darstellen müßte. Der produktive Bourbaki will also einen anderen Weg gehen, als es seine Leser tun sollen. Die Gründe liegen in der Tendenz zur radikalen Systematisierung bei unserem französischen Autor. Aber, grundsätzlich gesprochen, lieben wir alle nicht, und zwar weder die französischen noch die deutschen Mathematiker, diese Trennung der Wege zwischen dem produktiven Denker und seinem Leser.

Wenn Bourbaki schon selbst nicht wußte, was er im ersten Bande bringen mußte, wieviel weniger kann der spätere Leser wissen, wozu er das lernen soll, was er im ersten Band liest? Andererseits ist es gerade der Zweck der Numerierung, den Leser zu veranlassen, den ersten Band zuerst zu lesen. Er kann das aber als denkender Mensch vernünftigerweise nur, wenn er das sehr folgenreiche Zutrauen zu Bourbaki hat: „Der Autor weiß, warum ich den ersten Band lesen muß." Hier, meine Damen und Herren, haben Sie die typische Schwierigkeit der Axiomatik. Axiomatische und didaktische Tendenzen widersprechen sich häufig.

Wir Mathematiker neigen in unseren Darstellungen dazu, axiomatisch vorzugehen. Für den Hörer und Leser ergibt sich aber daraus leicht eine Situation, die Schopenhauer als „Mausefalle" bezeichnete. Man versteht wohl den einzelnen Schritt im Aufbau, weiß aber nicht, wozu diese Anstrengung erforderlich ist. Plötzlich – nach Überwindung vieler Mühen, deren Sinn dem Lernenden nicht klar ist – geht es um eine Ecke und eine Theorie oder auch nur ein Fundamentalsatz, deren Wichtigkeit einem einleuchten, sind bewiesen. Das ist keine glückliche Situation für den Leser bzw. Hörer, der in jedem Augenblick zu wissen wünscht, weshalb dieser oder jener Gedankenweg begangen werden soll. Aus dieser Spannung entstehen für uns Mathematiker, die wir unseren Ländern als Schriftsteller und Dozenten verpflichtet sind, drückende Verantwortungen.

Unsere Hörer kommen nicht in unsere Vorlesungen, weil uns die Mathematik, die wir vortragen, „Spaß macht", sie kommen, weil sie glauben, bei uns wesentliche Erkenntnisse zu gewinnen. Und jeder unserer jungen Studenten hat nur ein Leben zu leben. Wir müssen uns also vor unseren Hörern jederzeit rechtfertigen in bezug auf das, was wir ihnen vortragen. Ich pflege es auch so auszudrücken: Es ist mehr unsere Aufgabe, in den Vorlesungen unsere Studenten von der Wichtigkeit als von der Richtigkeit des vorgetragenen Stoffes (letztere kann jederzeit an Hand von Büchern nachgeprüft werden) zu überzeugen. Wie aber wollen Sie das machen, wenn Sie erst nach der Lektüre von 17 Bänden wissen, daß der im ersten Bande behandelte Stoff für das Spätere notwendig war?

Wendet man die axiomatische Methode beim Aufbau einer Vorlesung oder eines Buches radikal an, so hat man keine Möglichkeit, das Ziel der Bemühungen zeitig zu erklären. Ebenso ist es mit historischen Bemerkungen. Der Vortragende wies schon darauf hin, daß sie bei Bourbaki nicht in den Text hineinpassen. (Trotzdem habe ich manche historische Kenntnisse bei der Lektüre von Bourbaki erworben – nämlich aus den historischen Anhängen der Bände.)

Das alles weiß natürlich Prof. Cartan besser als ich. Meine ergänzenden Bemerkungen gelten dem Publikum und vor allem dem Stammpublikum, das ja nicht aus Mathematikern besteht.

Wir älteren Hochschullehrer haben uns nun eine Technik in unseren Vorlesungen angewöhnt, die einen Kompromiß zwischen axiomatischen und didaktischen Anforderungen darstellt. Wir brauchen ja nicht so stilrein zu sein wie unser französischer Autor. So pflegen wir Begründungen für unseren Aufbau vorzuschalten oder einzustreuen. Aber bei unseren jüngeren Kollegen besteht immer die Gefahr, daß sie in den Vorlesungen zu radikal axiomatisch vorgehen und die dargestellte Verpflichtung gegenüber dem Hörer übersehen. Je mehr sich unsere Dozenten Bourbaki zuneigen, um so größer ist diese Gefahr. Ich fühle mich verpflichtet, ihr in gewissen Grenzen entgegenzutreten.

Nun zum Punkt 1: Bourbakis derzeitiger Einfluß in Deutschland. Dieser Einfluß ist viel größer, als er vom Herrn Vortragenden aus Bescheidenheit dargestellt wurde. Dieser Einfluß begann sich vor gut 5 Jahren zunächst in der Topologie bemerkbar zu machen. In der Topologie haben wir seit 1935 das glänzende Standardwerk von P. Alexandroff und Heinz Hopf. Wir hatten uns gerade daran gewöhnt, auf die dort eingeführten Begriffe uns zu stützen, da kam Bourbaki mit seiner neuen Topologie, mit seinem anderen Begriff der Kompaktheit, mit seinen Filtern und seinen uniformen Strukturen. Die jüngste Generation begann immer mehr, sich auf diesen Aufbau der Topologie zu stützen, und jetzt ist es schon beinahe selbstverständlich geworden, daß man sich in der Topologie der Begriffe und Terminologien von Bourbaki bedient. Die Vorlesungen in allen Disziplinen – wenigstens bei uns in Münster – werden schon davon beeinflußt. Es ist z. B. schon deutlich im 2. Teil der Anfängervorlesung zur Infinitesimalrechnung zu spüren. Aber je höher die Vorlesungen und je jünger die Dozenten sind, um so mehr macht sich dieser Einfluß bemerkbar. Besonders deutlich ist er auch bei unseren letzten Dissertationen. Gerade jetzt sind bei uns Bourbakis uniforme Strukturen mit großem Erfolg in der Forschung benutzt worden.

Bei den Studenten wird natürlich gar nicht für Bourbaki geworben. Und doch werden von unseren wirklich guten Studenten die Bücher von Bourbaki geradezu „gefressen". Es gehört bei ihnen zum guten Ton, Bourbaki zu lesen und sich seiner Terminologie rücksichtslos zu bedienen.

An den Bourbaki-Seminaren nehmen neuerdings auch einige unserer jungen Kollegen teil.

So lernen wir heute – es gab schon mehrmals solche Zeiten – wiederum sehr viel von der französischen Mathematik.

Professor Dr. phil. Guido Hoheisel

Ich möchte an das anknüpfen, was Herr Professor Cartan zuerst gesagt hat: warum die axiomatische Methode manchmal so unbeliebt ist. Ich arbeite gern axiomatisch. Aber ich möchte daran erinnern, daß ich als junger Student seinerzeit etwas Anstoß daran nahm, daß der alte Kneser, der Vater des jetzt lebenden alten Kneser, immer sehr für die konkrete Mathematik war, elliptische Funktionen usw. Das verstand ich nicht ganz. Dagegen war ich etwas abgeneigt und sagte: Das ist mir zuviel Formelkram. Ich bin heute, wenn auch nicht völlig, der Meinung des alten Kneser. Ich habe heute viel mehr Verständnis für diese konkreten Probleme. Ich möchte mal ein Beispiel geben: Wenn jemand abstrakte Kunst treibt, habe ich kein Kriterium, ob er wirklich Künstler ist; es wird mir gesagt, er kann auch normale handwerkliche Kunst sehr gut. Dann werde ich auch seine abstrakte Kunst schätzen. So meine ich, es gibt – sogar sehr kleine – Mathematiker, die sehr viel Axiomatik treiben, nämlich höchst zugespitzte Mathematik. Sie nehmen von einem Axiom die Hälfte weg und zeigen: es bleibt fast alles erhalten. Das ist eine Mathematik, für die ich keinen Geschmack empfinde. Ich muß gestehen, die Ästhetik eines mathematischen Werkes zu werten, hat gewisse Schwierigkeiten, wenn es sich um die axiomatische Methode handelt. Aber es ist die Gefahr, daß aus dem Drang heraus: ich muß etwas Neues schaffen, was nicht gedruckt ist, etwas gemacht wird, was in der Tat nicht gedruckt ist, weil es niemand schreiben wollte. Diese Gefahr, die nichts mit dem Wesen der Axiomatik zu tun hat, sollte man nicht außer Acht lassen. Ein guter Mathematiker wird immer ein konkretes Problem irgendwann angepackt haben. Die Freude, die es macht, ein konkretes Problem gelöst zu haben, scheint mir doch größer zu sein, so daß ein wirklich lebendiger Mathematiker sie nicht mehr missen möchte.

Zum Schluß zur Frage der Pädagogik. Ich glaube, daß man hier viel kühner sein kann, da die jungen Leute viel leichter zu abstraktem Denken kommen als früher. Das abstrakte Denken ist auf einer hohen Stufe der Entwicklung wirklich vorangekommen. Die Jugend lernt es spielender. Ich glaube, wir können da viel kühner vorgehen.

Professor Dr. phil. Ernst Peschl

Ich möchte auf ein wichtiges Argument hinweisen. Was eigentlich eine solche Arbeit, wie sie Bourbaki auf sich genommen hat, irgendwie allmählich herausfordert, das ist der immer größere Umfang unserer Wissenschaft und das starke Wachstum neuer Teilgebiete, wie z. B. der Topologie. Die weite Verzweigung der Mathematik macht es auch für den Lehrbetrieb notwendig, den alten klassischen Besitzstand irgendwie zu komprimieren, eine neue gedankliche Durchdringung zu suchen, die es uns erlaubt, gewisse Teile der Mathematik in eine neue verkürzte Darstellungsform zu bringen, so daß dann überhaupt noch Zeit bleibt, zu den modernen Problemen vorzudringen. Ich glaube, daß diese wichtige Funktion nicht übersehen werden darf. Die Mitarbeiter von Bourbaki sind sich, wie wir gehört haben, selbst bewußt, daß jede Systematik ihre Grenzen und Gefahren hat: erstens sind

Schwierigkeiten im Didaktischen vorhanden, zweitens sind sie sich bewußt, daß es in der weiteren Entwicklung immer wieder einmal etwas geben wird, das nicht in den Rahmen paßt, und drittens sind sie sich wohl auch immer bewußt gewesen, daß sie ein sehr feines ästhetisches Gefühl haben und große Erfahrungen dauernd anwenden müssen, um die Axiomatik nicht mit unnötig komplizierten Begriffen zu belasten. So ist das ganze Werk, wie ich sagen möchte, auch aus allgemein didaktischen Erwägungen durchaus notwendig und stellt in sich eine großartige Leistung dar. Daß gewisse Schwierigkeiten gerade in didaktischer Hinsicht bestehen, ist wohl allen klar.

Professor Dr. phil. Hubert Cremer

Das Unternehmen Bourbaki ist sehr verdienstvoll. Es kommt jedesmal zu einem gewaltigen Fortschritt in der Mathematik, wenn es uns gelingt, zu höherer Abstraktion aufzusteigen und uns damit einen größeren Überblick zu verschaffen. Allerdings darf bei der Übernahme der neuen Erkenntnis in den Unterricht die pädagogische Gefahr nicht verkannt werden, daß unter Umständen die Studenten nicht mehr folgen können. Die Fähigkeit zu höherer Abstraktion beruht auf der Kenntnis vieler konkreter Beispiele. Ich erinnere mich aus meiner Studentenzeit, daß der große Mathematiker Schur es verschmähte, in der analytischen Geometrie irgendwelche Kurvenskizzen zu geben; z. B. waren Parabeln, Hyperbeln, Ellipsen nur gewisse quadratische Formen mit gewissen Eigenschaften. Schur konnte das tun, weil er heimlich natürlich die anschaulichen Dinge wußte. So können auch wir abstrakt mit Zahlen rechnen, weil wir heimlich konkrete Anhaltspunkte haben. Das Kind aber kann es noch nicht. Für den Sechsjährigen, der in die Schule kommt, sind 3 und 5 „Klümpchen" (Bonbons) etwas ganz anderes als 3 und 5 Ohrfeigen. Zu Hause hat das Kind mit Klümpchen rechnen können, in der Schule, wo es mit Stäbchen gemacht werden soll, tut es das „unartige" Kind plötzlich nicht, so wird gesagt. Das Kind ist dabei gar nicht unartig, aber 3 und 2 Klümpchen sind für es zunächst etwas anderes als 3 und 2 Stäbchen; der Zahlbegriff ist noch an das Klümpchen gebunden. Man braucht viel Erfahrung über verschiedene Mengen, um den von speziellen Dingen losgelösten abstrakten Zahlbegriff zu erfassen. Ich möchte in diesem Zusammenhang erzählen, was mir, als ich Student war, Einstein einmal gesagt hat. Er hatte in einer Vorlesung davon gesprochen, daß die Sätze der Geometrie auf unseren Erfahrungen über die reale Welt beruhten. In der an den Vortrag anschließenden Diskussion fragte ich Einstein: „Glauben Sie, daß wir auch auf die natürlichen Zahlen 1, 2, 3... nur durch Erfahrungen kommen konnten?" Darauf sagte Einstein: „Ja, das glaube ich. Ich glaube nicht, daß wir die natürlichen Zahlen hätten, wenn wir – wie soll ich mich ausdrücken – so ganz flüssig wären." Dabei drehte er sich in ungeheuer witziger Weise um sich selbst und wakkelte mit den Armen und Händen.

Das Aufsteigen zur Abstraktion ist immer erst dann möglich, wenn man zuvor konkrete Dinge kennengelernt hat. Insofern kann eine neue Abstraktion erst wirklich verstanden werden, wenn Beispiele, die diese Abstraktion ermöglichen, da sind. Das muß beim Unterricht auf jeder Stufe beachtet werden. An der Technischen Hochschule haben wir Mathematiker ganz besonders die Aufgabe, in einem vorgegebenen Minimum an Zeit den Ingenieuren möglichst viel in einer Form zu bieten, die eine praktische Anwendung gestattet. Dazu müssen wir die Abstraktion so weit dämpfen, daß die Studenten folgen können. Selbstverständlich muß man auch das Visuelle benutzen, denn das Auge ist unser wichtigstes Sinnesorgan. Dabei darf man nicht vergessen, daß viele mathematische Beschreibungen Illusionen sind, zum Beispiel die Vorstellung des Grenzwertes, die Menge der reellen Zahlen usw. Die Frage ist: Sind diese mathematischen Illusionen geeignet, die konkrete Wirklichkeit zu beschreiben? Das wird immer mehr oder weniger offen bleiben. In dieser Hinsicht wird auch die Mathematik wandelbar sein. Zum Problem der mathematischen Abstraktionen möchte ich Ihnen einen Börsenwitz erzählen. Ein Börsianer sagte zu einem anderen: „Ich habe heute ein glänzendes Geschäft gemacht. Ich habe 20 Waggons Zackeln für 45 000,– DM gekauft und wenig später für 70 000,– DM wieder verkauft". Der andere sagt: „Gratuliere! – aber was sind denn Zackeln?" Sagt der erste: „Weiß ich nicht!" (Heiterkeit).

Professor Dr. Henri Cartan

Ich möchte zunächst den Herren Kollegen danken, die durch ihre Diskussionsbemerkungen meine Aufmerksamkeit auf mehrere wesentliche Punkte gelenkt haben. Die Diskussion beweist nur wieder einmal, wie schwer es ist, Mißverständnisse zu vermeiden, wenn man über so komplexe Themen wie Probleme des mathematischen Unterrichts oder der axiomatischen Methode spricht.

Die Bemerkungen von Herrn Professor Behnke geben mir Gelegenheit, meine ein wenig summarischen Ausführungen über die Publikationen Bourbakis, vor allem über das 1. Kapitel des I. Buches als 17. Band in der chronologischen Ordnung, zu erläutern. Vor der Publikation dieses Bandes, so sagte ich, mußte man ganz sicher sein, daß er auch alles enthielte, was für den logischen Aufbau der folgenden Bände benötigt wurde. Das ist nicht ganz richtig: Ein Leser, der bereit ist, die „naiven" Schlußregeln, die jeder Mathematiker täglich für Mengen anwendet, zuzulassen, findet in der Tat schon 1939 im „Fascicule de résultats" alle Bezeichnungen, sowie die für die Lektüre und zum Verständnis der folgenden, damals noch nicht erschienenen Bände erforderliche Terminologie. Kapitel 1 des Buches I („Description de la mathématique formelle") ist nicht dazu bestimmt, die Lektüre der anderen Bände zu erleichtern. Das einzige Ziel, das Bourbaki sich hier gesetzt hatte, war, eine logische Grundlage der gesamten Mathematik zu geben und insbesondere die geläufigen mathematischen Schlußweisen zu rechtfertigen. Eine solche Rechtfertigung bedurfte einer besonders ausgewogenen Anordnung, die dem Autor etliche Jahre des Nachdenkens abverlangte; aber das Ergebnis dieser Überlegungen durfte keinerlei Einfluß auf den mathematischen Inhalt der übrigen Bände haben. Und heute ist jemand, der nur die Mathematik lernen will und der sich entschließt, zu diesem Zwecke Bourbaki zu lesen, keineswegs genötigt, zunächst den Band über Logistik zu lesen.

Was die Probleme des Unterrichtes betrifft, so ist niemand mehr als ich von der Notwendigkeit eines beständigen Kompromisses überzeugt. Lehren heißt in erster Linie *wählen:* wählen, was man am besten sagt und was man besser verschweigt, eine Wahl zwischen verschiedenen Methoden, die zum gleichen Ziele führen. Wenn aber ein Lehrer eine Wahl treffen soll, so darf er nicht nur allein die Tatsachen kennen; er muß überdies auch eine hinreichend klare Vorstellung von den vorhandenen Möglichkeiten haben und die Vor- und Nachteile dieses oder jenes Entschlusses abwägen können. Nun läßt sich der Lehrer aber bei einer solchen Wahl sehr häufig aus Mangel einer genügend tiefen Bildung oder einfach aus Bequemlichkeit von Routinegründen leiten. Nach meiner Meinung ist es unerläßlich, daß ein Lehrer viel mehr über die Dinge weiß, die er nicht unterrichtet; es ist nicht unbedingt nötig, daß er alles sagt, was er über einen Gegenstand weiß. Wenn die Bücher Bourbakis uns die Möglichkeit geben, unseren Gesichtskreis zu erweitern und neue Gesichtspunkte für die Grundlagen ergeben, so glaube ich, daß sie damit indirekt dem Unterricht dienen, da sie den Lehrer aufs neue zu selbständigem Nachdenken zwingen. Ich kann mich in diesem Punkt nur voll und ganz den von meinem Kollegen, Herrn Professor Peschl, so taktvoll und klug angeführten Gedanken anschließen.

Vielleicht wird Herr Professor Hoheisel mir gestatten zu sagen, daß ich selbst wie er keinen Geschmack für eine Mathematik habe, deren Inhalt darin besteht, eine vorhandene Theorie herauszugreifen und ihre Axiome in 4 Teile zu zerschneiden. Diese Karikatur der axiomatischen Methode darf nach meiner Meinung niemals mit den fruchtbaren Prinzipien, die Hilbert uns vermacht hat, in Zusammenhang gebracht werden. Ich möchte auch betonen, daß die Unterscheidung zwischen „konkret" und „abstrakt" in der Mathematik mir nicht klar zu sein scheint. Wenn es eine Grenze zwischen dem Konkreten und dem Abstrakten gibt, so ist sie jedenfalls von der Zeit und den Mathematikern abhängig. Wenn ein jeder von uns sich Rechenschaft ablegt über seine eigenen Erfahrungen, so wird er erkennen, daß das „Konkrete" genau dasjenige ist, das er gelernt hat und mit dem er sich solange beschäftigt hat, bis er eine gewisse Vertrautheit damit erlangte; das „Abstrakte" aber sind die neuen Ideen, die noch nicht in seine Gedankenwelt eingedrungen sind. Auch der Begriff des „konkreten Problems" scheint mir nicht klar zu sein: wie soll man den konkreten Charakter eines Problems messen? Muß man unbedingt eine gewisse Verachtung für „abstrakte" Probleme zur Schau tragen, wenn man sie vielleicht als gekünstelte Fragen ansieht, mit deren Untersuchung sich ein vernünftiger Mathematiker nicht abgibt? Für mich gibt es nur leichte und schwere Probleme, Probleme von mittelmäßigem Interesse und solche, deren Lösung die Mathematik einen entscheidenden Schritt weiterbringt. Ein Mathematiker, der dieses Namens würdig ist, wird niemals einem wirklichen Problem, d. h. einem Problem, dessen Lösung Anstrengungen erfordert, gleichgültig gegenüberstehen; es ist dabei unwichtig, ob sich ein solches Problem in einer Sprache formulieren läßt, die dem Mann auf der Straße zugänglich ist (z. B. das Vierfarbenproblem), oder ob es im Gegenteil bereits einer hohen mathematischen Kultur bedarf, um seine Formulierung zu verstehen.

Zum Schluß möchte ich dem Herrn Staatssekretär aufs herzlichste für die liebenswürdige Einladung danken, die mir die Möglichkeit gab, Sie mit dem Leben und den Werken eines französischen Mathematikers, Nicolas Bourbaki, bekannt zu machen. Ich bin sehr beeindruckt von der wohlwollenden Aufmerksamkeit, die die hier anwesenden Kollegen mir entgegengebracht haben; und ich bin glücklich, unter ihnen eine große Zahl von Freunden wiederzuerkennen, die nicht nur „abstrakte" Kollegen sind, deren Existenz auf irgendeinem Axiom beruhen würde.

GPSR Compliance

The European Union's (EU) General Product Safety Regulation (GPSR) is a set of rules that requires consumer products to be safe and our obligations to ensure this.

If you have any concerns about our products, you can contact us on

ProductSafety@springernature.com

In case Publisher is established outside the EU, the EU authorized representative is:

Springer Nature Customer Service Center GmbH
Europaplatz 3
69115 Heidelberg, Germany

www.ingramcontent.com/pod-product-compliance
Lightning Source LLC
LaVergne TN
LVHW060146080526
838202LV00049B/4110